Chevallier

Rapport
sur les Dessins Coloriés
d'Anatomie.

P. 1850

fondée en 1802,

RECONNUE COMME ÉTABLISSEMENT D'UTILITÉ PUBLIQUE PAR ORDONNANCE DU 21 AVRIL 1824,

séant à Paris, rue du Bac, 46.

RAPPORT,

au nom du comité des arts chimiques,

PAR M. A. CHEVALLIER,

membre de l'Académie nationale de médecine, professeur à l'école de pharmacie,

SUR LES

DESSINS COLORIÉS D'ANATOMIE

de madame Élisa MANTOIS,

(RUE DU POT-DE-FER-SAINT-SULPICE, 4.)

1850

NOTE SUR L'ORGANISATION

DE LA SOCIÉTÉ D'ENCOURAGEMENT POUR L'INDUSTRIE NATIONALE, SÉANT A PARIS,

RUE DU BAC, 46.

———

Cette Société, fondée en 1802, a pour but l'amélioration de toutes les branches de l'industrie française ; voici les principaux moyens dont elle fait usage :

1° Distribution de prix et médailles pour des inventions et des perfectionnements dans les arts utiles ;

2° Expériences et essais pour apprécier les nouvelles méthodes ou pour résoudre des problèmes d'art ;

3° Publication d'un *Bulletin* mensuel renfermant l'annonce raisonnée des découvertes utiles à l'industrie, faites en France et à l'étranger ;

4° Entretien d'élèves dans les écoles vétérinaires et dans d'autres établissements.

La Société distribue en outre, chaque année, des médailles aux ouvriers et contre-maîtres des établissements agricoles et manufacturiers qui se distinguent par leur bonne conduite et par leurs talents.

Elle a huit places gratuites, à sa nomination, dans les écoles d'arts et métiers ; tous les sociétaires ont le droit de présenter des candidats.

Les membres de la Société peuvent concourir pour les prix qu'elle propose, mais non les membres du conseil d'administration.

Le *Bulletin* est adressé, franc de port, chaque mois, à MM. les sociétaires, quel que soit le lieu de leur résidence.

Chaque numéro de ce *Bulletin* forme un cahier in-4° de 5 à 6 feuilles d'impression, et contient trois ou quatre planches gravées avec le plus grand soin.

Les personnes qui deviennent sociétaires peuvent se procurer les volumes des années précédentes, à raison de 6 francs chaque volume.

La collection des *Bulletins* de la Société forme aujourd'hui (en 1849) 47 volumes in-4°, et peut être regardée comme une encyclopédie progressive des arts et métiers. Le *Bulletin* offre aux personnes qui veulent l'acquérir cet avantage, qu'elles peuvent acheter l'ouvrage volume par volume, au prix porté au tarif, sans s'engager à prendre les autres.

La Société d'encouragement tient ses assemblées générales deux fois par an.

La première a lieu dans le courant du premier semestre : elle a pour objet

1° La reddition du compte général des travaux de la Société par le secrétaire, et du compte général des recettes et des dépenses par la commission des fonds et les censeurs ;

2° Le renouvellement du conseil d'administration ;

3° La distribution des médailles d'encouragement.

La deuxième a lieu dans le courant du deuxième semestre ; elle est consacrée à la distribution des prix.

Le conseil d'administration s'assemble de deux mercredis l'un, de quinzaine en quinzaine, pour entendre les rapports sur les objets soumis au jugement de la Société.

Les sociétaires peuvent assister aux séances ; ils y ont voix consultative.

Pour être reçu dans la Société d'encouragement, il faut être présenté par un de ses membres, être admis par le conseil, et s'engager à payer une contribution annuelle de 36 fr.

Toute demande d'admission peut, d'ailleurs et pour plus de facilité, être adressée directement au président de la Société.

Lorsqu'une invention est approuvée par la Société, le rapport est inséré au *Bulletin*, avec gravure, si l'objet l'exige, sans que l'inventeur ait rien à débourser ni pour l'examen ni pour l'insertion.

Les programmes des prix se distribuent gratuitement au secrétariat de la Société, rue du Bac, 46.

La correspondance a lieu sous le couvert de M. le ministre du commerce et de l'agriculture.

RAPPORT

FAIT

PAR M. A. CHEVALLIER,

au nom du comité des arts chimiques,

SUR LES

DESSINS COLORIÉS D'ANATOMIE

de madame Élisa **MANTOIS**,

RUE DU POT-DE-FER-SAINT-SULPICE, 4 (1).

Vous avez renvoyé à l'examen du comité des arts chimiques une planche représentant *le nerf grand sympathique,* planche qui fait partie du grand ouvrage entrepris par MM. *Bourgery* et *Jacob,* ouvrage commencé en 1829, et

---

(1) Madame *Mantois* est élève de mademoiselle *Bazin,* coloriste très-habile, et dont les bons conseils ont profité à madame *Mantois.* Mademoiselle *Bazin* posait en principe que les coloristes qui voulaient

que le malheureux *Bourgery*, qui y avait consacré son temps et sa fortune, n'a pu terminer, le choléra étant venu l'enlever à la science et à ses amis.

Cette planche, dessinée par *Jacob*, sur les préparations faites par *Ludovic Hirschfeld*, a été lithographiée par *Aumont*, puis coloriée par madame *Mantois*, qui vous l'a soumise comme le résultat de ce qu'on peut obtenir maintenant pour la fidèle représentation des planches anatomiques.

Votre comité, avant de vous présenter ses observations, a dû se renseigner sur ce qui avait été fait jusqu'ici, et il vient vous rendre compte du résultat de ses recherches.

Le premier ouvrage de pathologie, l'*Étude des causes des maladies*, dans lequel le coloriage fut employé, est un ouvrage publié en 1806, par le baron *Alibert;* vinrent ensuite les ouvrages de *Blandin*, de *Breschet*, de *Bossu*, de *Bourgery* et *Jacob*, de *J. Cloquet*, de *Cruveilhier*, de *Moreau*, de *Ricord*, de *Rivalier*, de *Sédillot*, de *Sichel*, etc., etc.

Le coloriage des sujets anatomiques présente de très-grandes difficultés. En effet, la coloriste qui doit donner au dessin les couleurs des divers organes de l'homme est dans un très-grand embarras, par suite de l'impossibilité où elle se trouve d'étudier, de copier la nature comme elle le fait pour les fleurs et pour les objets d'histoire naturelle; de plus, ne préparant pas elle-même les couleurs, elle est forcée d'employer celles qui lui sont livrées par le commerce, sans connaître leur fixité et l'action de la lumière sur ces couleurs.

Madame *Mantois* a cherché à vaincre ces difficultés; elle a consacré une partie de son temps à étudier les ouvrages qui traitent de son art, à suivre les cours faits par M. *Chevreul*, à étudier les couleurs, leur fixité, les changements qu'elles éprouvent par le contact de l'air, de la lumière; elle acquit ainsi, par l'étude et l'observation, des connaissances profondes qu'elle appliqua et qu'elle propagea chez les ouvrières d'un atelier qu'elle avait élevé et dans lequel on trouve des femmes qu'elle emploie depuis vingt-deux ans.

Les soins et l'intelligence apportés par madame *Mantois* dans la coloration des divers ouvrages qui lui furent successivement apportés lui attirèrent une nombreuse clientèle; de telle sorte que le coloriage d'ouvrages très-importants lui fut confié. Dans ce nombre, on doit compter l'*Histoire naturelle*, par *Cuvier;* les *Maladies de la peau*, par *Alibert;* le *Traité d'anatomie humaine*,

---

se distinguer ne devaient pas suivre les routines des ateliers; qu'elles devaient ne faire usage que des couleurs les plus pures et rejeter celles qui s'altéraient au contact de l'air. Mademoiselle *Bazin* se plaignait, surtout, de l'impossibilité où l'on était de se procurer *des blancs* sur la fixité desquels on pût compter.

par *Bourgery* et *Jacob; l'Anatomie des régions,* par *Blandin,* etc., etc. (1).

Les nombreuses recherches faites par madame *Mantois* lui avaient déjà réussi ; mais cette réussite lui fit connaître qu'il y avait encore beaucoup à étudier, beaucoup à appliquer. Son ambition était d'abord de s'occuper d'un grand ouvrage dans lequel elle pût mettre à exécution toutes les améliorations qu'elle projetait. C'est à cette époque que MM. *Bourgery* et *Jacob* conçurent l'idée de publier leur grand ouvrage ; le coloriage de cet ouvrage lui fut confié. Alors madame *Mantois,* surmontant le dégoût qu'inspire, en général, à la femme la vue des débris de nos organes, alla étudier sur la nature les objets dont elle devait reproduire les couleurs. C'est en étudiant ainsi qu'elle est parvenue à donner à la reproduction des organes ce cachet de vérité qui caractérise les planches coloriées du grand ouvrage d'anatomie dont vous avez eu un spécimen sous les yeux, en même temps que celui d'ouvrages publiés antérieurement.

Nous avons dit que madame *Mantois* s'était occupée de l'étude des couleurs, du mélange de ces couleurs entre elles, de leur harmonie, des couleurs qui se *mangent,* qui se détruisent les unes par les autres, de celles qui se sulfurent, qui noircissent au contact de l'air. Toutes ces études permirent à madame *Mantois* de faire d'utiles applications au coloriage des ouvrages qui lui furent adressés. Les couleurs blanches furent le sujet d'une étude approfondie, car on sait que ces couleurs sont sujettes, soit qu'elles soient appliquées pures, soit qu'elles soient mélangées à d'autres couleurs, à changer peu à peu de teinte au contact de l'air et des vapeurs, de brunir et même de noircir ; de là résultent des teintes diverses qui nuisent à la représentation du sujet qu'on a voulu reproduire.

Les changements qu'éprouvent les blancs ont été, comme nous avons déjà eu occasion de le dire, le sujet d'un travail de *Guyton de Morveau,* lu à l'Académie de Dijon, travail qui avait pour objet les couleurs, et particulièrement le blanc. Voici ce que disait ce savant sur ce sujet important :

« Le blanc est, de toutes les couleurs, la plus importante; ce serait peu de
« dire qu'elle sait adoucir les nuances de toutes les autres, qu'elle leur com-
« munique aussi les altérations qu'elle reçoit ; le blanc est, sur la palette des

---

(1) Outre ces ouvrages, madame *Mantois* fut chargée du coloriage des ouvrages dont les noms suivent : *Modes et costumes des reines; Anatomie de J. Cloquet ;* ouvrage sur les *vaisseaux de Breschet; Pathologie de Cruveilhier ; Anatomie des régions de Blandin ; Iconographie des maladies syphilitiques de Ricord ; Cours d'accouchement de Moreau ; Anatomie descriptive de Bonamy ; Vitraux de la chapelle du duc d'Orléans d'Ingres ; Physiologie de l'espèce ; Traité d'anatomie de Bossu ; Pathologie de Rivalier ; Pathologie des poumons de Rivalier,* etc., etc.

4

« peintres, comme la matière de la lumière qu'il distribue avec intelligence
« pour rapprocher les objets, pour leur donner du relief, et qui fait la magie
« de ses tableaux. A mesure que cette lumière s'affaiblit ou s'éteint, les ap-
« parences changent, le prestige cesse, et la toile ne présente enfin que des
« plans chargés de couleurs ternes et sans expression. »

Ce que *Guyton de Morveau* décrit si bien pour la peinture s'observe dans
le coloriage des planches d'anatomie, harmoniées avec des blancs susceptibles
de changer de teinte au contact de l'air et des vapeurs ; ces planches, au bout
d'un certain laps de temps, perdent de leur harmonie, et la représentation
des organes perd de sa vérité première.

Guyton de Morveau, comme on le sait, fit diverses recherches sur les blancs
inaltérables, qu'on pourrait substituer au blanc de plomb. Il tenta des essais
avec les oxydes métalliques terreux de couleur blanche, la *silice,* l'*alumine,* la
magnésie, la *baryte ;* mais les résultats qu'il obtint ne furent pas avantageux.
Ces terres s'unissant mal à l'huile et aux mucilages, leur couleur blanche
s'éteint quand on la mêlait à ces préparations. Il s'occupa ensuite d'examiner le
parti qu'on pourrait tirer des poudres obtenues du *jaspe blanc,* du *feldspath,*
du *schorl blanc,* de la *marne,* du *biscuit de porcelaine,* de la *porcelaine* elle-
même ; les résultats furent les mêmes. Il conçut même l'idée de faire arti-
ficiellement un lapis-lazuli de couleur blanche ; mais il renonça à l'exécution
de cette idée, par suite de la réflexion qu'il fit que le *jaspe blanc,* réduit en
poudre, n'avait pas réussi dans l'emploi qu'il en avait fait.

Guyton s'occupa ensuite de l'application de la *sélénite,* du *spath pesant,* du
borate de chaux, du tartrate de chaux, du saccharate de chaux ; il reconnut que,
sauf le tartrate de chaux, qui pourrait être employé dans quelques peintures
à la détrempe, les sels indiqués plus haut peuvent tout au plus donner une
base à quelques couleurs, mais non constituer eux-mêmes une couleur utile
à la peinture.

Il fit des essais sur le *sulfate de plomb* tiré d'Allemagne, et il reconnut que
ce sel noircissait par l'hydrogène sulfuré.

Guyton, après tous ces essais et d'autres encore tentés sur les sels *d'argent,*
de *mercure,* de *bismuth,* ne crut pas son travail complet ; il étudia l'emploi de
l'*oxyde d'étain,* de l'*acide arsénieux,* de l'*oxyde de manganèse* et du *blanc de
zinc.*

Il conclut de cet immense travail que l'on peut obtenir trois couleurs qui ne
noircissent pas par les vapeurs hydrosulfurées ; ces couleurs sont le *tartre
calcaire,* le *blanc d'étain* et le *blanc de zinc.* Il donna la préférence à ce der-
nier, et on doit se rappeler que, dans un rapport que j'ai lu à la Société, dans
la séance du 31 janvier 1849, et publié page 15 du *Bulletin* de l'année 1849,

j'ai fait connaître que *Guyton* avait proposé de le substituer à la céruse, indiquant que le sieur *Courtois*, attaché au laboratoire de l'Académie de Dijon, en préparait en grand, et qu'il pouvait livrer ce produit de première qualité au prix de 4 fr. 50 c. la livre.

Madame *Mantois*, qui ne connaissait pas les travaux de *Guyton de Morveau*, travaux qui avaient été oubliés et qui n'ont été exhumés que depuis que M. *Leclaire* a fait connaître les nombreuses applications qu'il a faites de l'oxyde de zinc, s'était, de son côté, livrée, conduite par la même idée que celle qui avait guidé *Guyton de Morveau*, à faire de nombreuses recherches pour trouver un blanc qui pût être employé pour les planches d'anatomie, blanc qui, exposé aux vapeurs, ne devait pas changer de couleur. Son but était de faire usage de ce blanc dans le coloriage de l'ouvrage de *Bourgery* et *Jacob*, dont elle avait été chargée.

Ne craignant pas de faire des sacrifices, madame *Mantois* fit venir de Londres un blanc dit *blanc fixe;* elle ne peut en indiquer la composition, mais ce blanc avait une teinte un peu jaunâtre, il ne couvrait pas, et son emploi était difficile, en ce sens qu'il arrivait difficilement au bout du pinceau, encore se réduisait-il en grumeaux.

Après avoir fait usage de ce blanc, elle étudia l'emploi du *carbonate de chaux;* elle reconnut que ce blanc s'altérait peu d'abord, mais par la suite sa couleur changeait de ton, et, soit qu'il ne fût pas pur, il noircissait par l'acide hydrosulfurique.

On présenta à madame *Mantois* un blanc dit à *base de cuivre;* mais ce blanc, comme on le pense, noircissait par les vapeurs hydrosulfurées.

M. *Lecomte* remit à madame *Mantois* un *blanc de baryte* (le carbonate), blanc qui, comme vous devez vous le rappeler, avait été proposé par MM. *Brosson* frères, de Vichy, qui en avaient présenté de fort beaux échantillons à la Société. Madame *Mantois* fit des essais avec ce blanc; elle reconnut qu'il était fixe, mais qu'il était difficile dans son emploi.

Madame *Mantois* en était là de ses essais, quand elle apprit qu'on préparait un nouveau produit, le *blanc de zinc;* elle s'en procura immédiatement; elle fit alors des essais multipliés avec ce blanc. Aujourd'hui elle continue d'en faire usage; voici ce qu'elle a observé dans l'emploi qu'elle a été à même d'en faire :

Ce blanc est fixe, il s'emploie avec facilité, il se superpose sur les couleurs qui peuvent se sulfurer, et il les maintient dans leur état normal.

Le blanc, dans le plus grand nombre de cas, devant représenter des saillies pour passer du blanc au noir, il en résulte que souvent, au lieu d'obtenir des saillies, on obtient des anfractuosités, ce qui détruit l'effet du coloris. Le blanc de zinc ne présente pas ces inconvénients.

Madame *Mantois* s'étant occupée de nombreuses recherches sur l'art qu'elle exerce, nous en avons profité pour avoir des renseignements

Sur l'art du coloriste, son ancienneté, ses catégories, son importance, le nombre approximatif des personnes employées dans cette profession, son importance commerciale à l'intérieur et à l'extérieur.

Madame *Mantois* nous a remis sur ces questions des détails que nous nous proposons de résumer, pour faire une note qui présentera, nous le pensons, de l'intérêt.

De ce qui précède il résulte pour nous que madame *Mantois*, par les études et les applications qu'elle a fait connaître, a fait faire de grands progrès à l'industrie qu'elle exerce. Nous vous proposons, en conséquence,

1° De la remercier de sa communication ;

2° De faire insérer le présent rapport dans le *Bulletin* de la Société.

Signé CHEVALLIER, *rapporteur.*

Approuvé en séance, le 13 février 1850.

Dans sa séance générale du mercredi 5 juin 1850, la Société d'encouragement pour l'industrie nationale a décerné une médaille d'argent à madame *Élisa Mantois,* pour le coloriage des dessins, principalement d'anatomie, et pour l'application du blanc de zinc à l'aquarelle.

PARIS. — IMPRIMERIE DE Mme Ve BOUCHARD-HUZARD, rue de l'Éperon, 5.

NOTICE

SUR

LES SERVICES RENDUS A L'INDUSTRIE

PAR

LA SOCIÉTÉ D'ENCOURAGEMENT POUR L'INDUSTRIE NATIONALE.

La Société d'encouragement pour l'industrie nationale a été fondée en 1802; le temps a sanctionné son utilité, l'industrie française élève la voix pour rappeler, chaque jour, les services qu'elle en a reçus et les progrès qu'elle lui doit. C'est rendre un hommage de reconnaissance aux citoyens à qui la France est redevable de cette grande institution que de rappeler ici les noms des soixante-cinq fondateurs et premiers administrateurs qui furent tous utiles à leur pays et dont un grand nombre est inscrit en caractères ineffaçables dans les fastes de notre histoire nationale : *Allard, Arnoud* aîné *, Arnoud* jeune *, Baillet , Bardel, Bertrand, Berthollet, Bosc, Bouriat, Brillat-Savarin, Cadet de Vaux, Cels, Chaptal, Chassiron, Collet-Descostils, Conté, Costaz* aîné *, Costaz* jeune *, Coulomb , de Candolle , de Gerando, Delaroche , Delessert (Benjamin) , Delessert (François) , Descroisilles* aîné *, Fourcroy , François* (de Neufchâteau) *, Fréville , Frochot , Guyton-Morveau , Hennequin , Huzard , Journu-Aubert , Lasteyrie , Laville-Leroux , Magnien , Mérimée , Molard* aîné *, Monge (Gaspard) , Montgolfier , Montmorency (Matthieu) , Parmentier, Pastoret , Périer, Périer (Scipion) , Pernon (Camille) , Perregaux , Petit , Pictet-Diodati , Prony , Récamier, Regnaud* (de Saint-Jean-d'Angély) *, Richard d'Aubigny, Rouillé de l'Étang, Saint-Aubin , Savoye-Rollin , Sers, Silvestre , Swediaur , Ternaux* aîné *, Teissier , Vauquelin , Vilmorin , Vitry , Yvart.*

Les statuts de la Société ont été approuvés par ordonnance du 21 avril 1824.

Au moyen des prix qu'elle propose chaque année , la Société d'encouragement a attaché son nom à presque toutes les conquêtes industrielles dont la France s'est enrichie depuis 1801 jusqu'à ce jour , telles que l'amélioration de nos fers et de nos fontes ; la fabrication du fer-blanc, de l'acier fondu, de l'acier damassé , des fils de fer et d'acier, des aiguilles , des limes, des outils, des vis à bois , du blanc de plomb , de l'alun , des pierreries artificielles , des arts céramiques, des ciments hydrauliques, des mastics, de la colle forte, des vernis sur métaux; le perfectionnement des machines à vapeur , des appareils de chauffage et d'éclairage, des armes à feu , des scieries, des presses typographiques, de la reliure , de la gravure sur bois, de la lithographie, des peignes de tisserand, de la teinture, de la chapellerie, l'application des turbines hydrauliques , etc.

Outre ces améliorations, ses concours ont produit *le métier à faire les filets de Jacquart*; *l'outremer factice*, découverte aussi importante qu'inespérée; *le pétrissage mécanique*, long-temps négligé, et qui commence à prendre faveur; *l'industrie du plaqué d'or et d'argent*, dont l'Angleterre avait seule le monopole ; *les tuyaux sans couture*, si utiles pour l'irrigation, dans les incendies, etc. ; l'imitation du *cuir de Russie*, etc.

On lui doit divers ouvrages sur les puits forés dits *artésiens*, et, par elle, cette méthode locale est devenue un bienfait presque universel ; on lui doit la première impulsion donnée à l'emploi des bois indigènes dans l'ébénisterie, à l'exploitation de nos carrières de marbre, à la fabrication des tapis de pied économiques : l'application des chlorures à la désinfection des matières organiques, de l'air atmosphérique, des lieux souterrains, des amphi-théâtres, etc., leur emploi comme moyen curatif, comme préservatif de la contagion sont encore le fruit de ses concours.

C'est aussi par ses encouragements et ses publications que s'est répandu et accrédité le procédé d'*Appert* pour la conservation des substances alimentaires, immense service rendu à la marine, à l'économie domestique, à la pharmacie, à l'humanité.

C'est elle qui a provoqué et dirigé l'importation, en France, des machines à fabriquer les draps, qui ont augmenté la consommation des étoffes de laine en faisant baisser leur prix.

Elle a tiré de l'oubli le *carton-pierre*, qui joue aujourd'hui un si grand rôle dans la décoration de nos édifices.

La plupart des perfectionnements apportés dans les procédés lithographiques et photo-graphiques sont le résultat de ses programmes de prix.

L'industrie des soies lui est redevable du développement qu'a pris, depuis 1808, la pro-duction de la soie blanche de la Chine, dont la récolte ne se faisait plus que dans un ou deux établissements.

Elle a fait revivre les *thermolampes*, qui ont donné naissance à l'éclairage au gaz.

Enfin elle a puissamment contribué au succès du métier de *Jacquart*, qui a opéré une révolution dans nos fabriques de tissus ; des machines à fabriquer le papier, du collage du papier à la cuve, des impressions sur tissus, sur cuirs, etc. ; des sucreries de betterave, de la fabrication du flint et du crown-glass, du verre coloré à deux couches ou dans la masse, façon de Bohème, des bouteilles à contenir les vins mousseux, et de plusieurs branches d'économie rurale, telles que l'éducation des mérinos, la culture des prairies ar-tificielles, les plantations, les semis de pins, la propagation du mûrier (1).

---

(1) M. *Cl. Anth. Costaz*, dans son ouvrage sur l'administration de l'industrie, évalue à plus de 150 mil-lions le capital créé et mis annuellement en circulation par suite des travaux de la Société d'encouragement.

PARIS. — IMPRIMERIE DE Mme Ve BOUCHARD-HUZARD, RUE DE L'ÉPERON, 5.